Object/

MW01290088

Object/Specimen   Notes/Observations

Object/Specimen Drawing

Object/Specimen

Notes/Observations

_____

_____

_____

_____

_____

_____

_____

Object/Specimen Drawing

Object/Specimen   Notes/Observations

Object/Specimen Drawing

Object/Specimen   **Notes/Observations**

Object/Specimen Drawing

Object/Specimen   Notes/Observations

Object/Specimen Drawing

Object/Specimen   **Notes/Observations**

Object/Specimen Drawing

Object/Specimen   **Notes/Observations**

Object/Specimen Drawing

Object/Specimen   **Notes/Observations**

Object/Specimen Drawing

Object/Specimen   Notes/Observations
_____

_____

_____

_____

_____

_____

_____

_____

Object/Specimen Drawing

Object/Specimen   **Notes/Observations**

Object/Specimen Drawing

Object/Specimen   Notes/Observations

Object/Specimen Drawing

Object/Specimen	Notes/Observations

Object/Specimen Drawing

Object/Specimen   Notes/Observations
_____
_____
_____
_____
_____
_____
_____
_____

Object/Specimen Drawing

Object/Specimen   Notes/Observations

Object/Specimen Drawing

Object/Specimen   **Notes/Observations**

Object/Specimen Drawing

Object/Specimen   **Notes/Observations**

Object/Specimen Drawing

Object/Specimen

Notes/Observations

Object/Specimen Drawing

Object/Specimen   Notes/Observations

Object/Specimen Drawing

Object/Specimen   Notes/Observations

Object/Specimen Drawing

Object/Specimen　　　　　　　**Notes/Observations**

Object/Specimen Drawing

Object/Specimen   **Notes/Observations**

Object/Specimen Drawing

Object/Specimen   **Notes/Observations**

Object/Specimen Drawing

Object/Specimen   **Notes/Observations**

Object/Specimen Drawing

Object/Specimen   Notes/Observations

Object/Specimen Drawing

Object/Specimen   **Notes/Observations**

Object/Specimen Drawing

Object/Specimen   **Notes/Observations**

Object/Specimen Drawing

Object/Specimen   **Notes/Observations**

Object/Specimen Drawing

Object/Specimen

Notes/Observations

Object/Specimen Drawing

Object/Specimen **Notes/Observations**

_____

_____

_____

_____

_____

_____

_____

_____

Object/Specimen Drawing

Object/Specimen	Notes/Observations

Object/Specimen Drawing

Object/Specimen   **Notes/Observations**

Object/Specimen Drawing

Object/Specimen   **Notes/Observations**

Object/Specimen Drawing

Object/Specimen   **Notes/Observations**

Object/Specimen Drawing

Object/Specimen	Notes/Observations

Object/Specimen Drawing

Object/Specimen   Notes/Observations

Object/Specimen Drawing

Object/Specimen   **Notes/Observations**

Object/Specimen Drawing

Object/Specimen   Notes/Observations
_____

_____

_____

_____

_____

_____

_____

_____

_____

Object/Specimen Drawing

Object/Specimen   Notes/Observations
_____
_____
_____
_____
_____
_____
_____
_____

Object/Specimen Drawing

Object/Specimen   **Notes/Observations**

Object/Specimen Drawing

Object/Specimen   **Notes/Observations**

_____

_____

_____

_____

_____

_____

_____

_____

Object/Specimen Drawing

Object/Specimen   **Notes/Observations**

Object/Specimen Drawing

Object/Specimen   **Notes/Observations**

Object/Specimen Drawing

Object/Specimen   Notes/Observations

Object/Specimen Drawing

Object/Specimen   Notes/Observations

Object/Specimen Drawing

Object/Specimen   Notes/Observations

_____

_____

_____

_____

_____

_____

_____

_____

Object/Specimen Drawing

Object/Specimen   **Notes/Observations**

_____

_____

_____

_____

_____

_____

_____

_____

Object/Specimen Drawing

Object/Specimen   **Notes/Observations**

Object/Specimen Drawing

Object/Specimen   **Notes/Observations**

Object/Specimen Drawing

Object/Specimen   **Notes/Observations**

Object/Specimen Drawing

Object/Specimen   **Notes/Observations**

Made in the USA
Coppell, TX
19 November 2021

66025544R00028